Sitzungsberichte
der Heidelberger Akademie der Wissenschaften
Mathematisch-naturwissenschaftliche Klasse
Jahrgang 1933. 3. Abhandlung

# Über den Buchonit von Poppenhausen in der Rhön

Von

O. H. Erdmannsdörffer

Berlin und Leipzig 1933
Walter de Gruyter & Co.
vormals G. J. Göschen'sche Verlagshandlung / J. Guttentag, Verlagsbuchhandlung / Georg Reimer / Karl J. Trübner / Veit & Comp.

Archiv-Nr. 52 04 33

Druck von Walter de Gruyter & Co., Berlin W 10

F. SANDBERGER[1]) hat das von früheren Autoren schon mehrfach untersuchte „basaltische" Gestein im Phonolith vom Calvarienberg bei Poppenhausen als einen besonderen Typus aufgefaßt und BUCHONIT genannt. BÜCKING[2]) hat seine geologischen Verhältnisse klargestellt und eine kurze petrographische Charakteristik gegeben. ROSENBUSCH[3]) lieferte eine mikroskopische Beschreibung einzelner Proben; er stellt das Gestein zu den Nephelintephriten. Die alten chemischen Analysen von SANDBERGER und MÖHL[4]) haben erst OSANN[5]), später F. v. WOLFF[6]) und HOLLER[7]) ausgewertet. Eine inzwischen von BÜCKING[8]) mitgeteilte Analyse blieb dabei unberücksichtigt.

Nach der sorgfältigen Kartierung BÜCKINGS, die ich nach Untersuchung an Ort und Stelle bestätigen kann, stellt der Phonolith des Calvarienberges einen sehr unregelmäßig gestalteten Durchbruch im mittleren Buntsandstein dar mit mehrfachen breiten Apophysen im Nebengestein. Der Buchonit liegt in Gestalt mehrerer schollenartiger Partien inmitten des Phonolithkörpers und an seinem Rande. Der Kontakt zwischen beiden Gesteinen ist anstehend nirgends aufgeschlossen, doch finden sich in der Nähe des Marienbildes deutliche Einschlüsse von Buchonit im Phonolith, der auch Adern in ihn entsendet. Beide Gesteine sind eng miteinander verschweißt; der Kontakt ist teils scharf begrenzt, teils findet ein allmählicher Übergang statt.

## I. Der Phonolith.

Das normale Gestein wird von BÜCKING als „trachytisch-andesitischer", von ROSENBUSCH als „trachyandesitischer" Phonolith bezeichnet.

---

1) F. SANDBERGER, Sitzber. bay. Ak. d. W. München 1872, S. 203 und 1873, S. 11.

2) BÜCKING, Sitzber. Preuß. Ak. d. W. Berlin 36 1907, S. 686; Erl. Bl. Gersfeld 1 : 25000.

3) ROSENBUSCH, Mikr. Phys. II 4. Aufl. 1908, S. 1393.

4) MÖHL, N. Jahrb. f. Min. 1874, S. 897.

5) OSANN, Tsch. M. u. P. Mitt. N. F. 20 1901, S. 480.

6) F. v. WOLFF, Vulkanismus II 1 1923, S. 53.

7) HOLLER, Vergl. petr. Stud. a. Rhöngesteinen. Diss. Halle 1925.

8) BÜCKING, Geol. Führer d. d. Rhön. Berlin 1916, S. 120.

**Pyroxen.** Prismatische Kristalle mit (100) (010) (110) und schlecht entwickelten Endflächen, höchstens 1 mm lang; regellose Körner. Z. T. zonar mit hellgrauem, auch schwach violettem Kern und hellgrünem Rand, z. T. auch ganz hellgrün mit wechselnder Intensität.

$c/\alpha$ im Kern: 37 38 44, im Rand: 24 24 25°. In homogenen Individuen: 27 31 32 34 34.5 35 35 36 39°.

$2V_\gamma$: 65 68 70 72 72 75 75 78°.

Dispersion: B $\varrho < v$, A $\varrho > v$.

Danach liegen diopsidische und ägirinaugitische Pyroxene vor. Der Ägiringehalt nimmt in den Randzonen zu.

**Feldspäte.**

1. Plagioklase bilden in der Einsprenglingsgeneration vorwiegend Kerne in den Alkalifeldspäten.

Optisches: $\perp$ a: $\alpha'$ : (010) = 15° = $An_{31}$; Max. $\perp$ (010) = 14.5° = $An_{30}$.

In der Grundmasse scheint Plagioklas sehr zurückzutreten; Pulverproben ergaben: $\alpha' < 1.541 \lesssim \gamma'$, also Ab-reicher als die Einsprenglinge.

2. Alkalifeldspäte. Die Einsprenglinge, meist 2 × 3, selten bis 9 mm, zeigen sehr variable Verhältnisse. Die Neigung a : $\alpha'$ in Schnitten senkrecht zur stumpfen Bisektrix wurde gefunden zu: 5 6 7 9 10 11 12 15 17°; bei Zonarbau, der häufig ist, ist meist die Auslöschung im Kern < Rand, $\gamma'$ und $\alpha'$ im Kern < Rand; doch kommt auch das Umgekehrte, ja ein mehrfacher Wechsel vor.

Für $2V_\alpha$, dessen Ebene stets quer bzw. $\perp$ zu (010) liegt, ergeben sich folgende Werte: 50 (mehrfach) 52 53 55 56 (mehrfach) 57 58 59 60 62 (mehrfach) 64 (mehrfach) 66 72 76°.

Die Auslöschungsschiefe $\alpha'$ : a nimmt mit abnehmendem 2V zu.

Auf (001) erreicht $\alpha'$ : (010) 6.5° und geht hinab bis 0° in den randlichen Teilen, wo dieser Wert in der gesamten Zone [010] erhalten bleibt. Hier sind die größten 2V-Werte. Dispersion $\varrho > v$, horizontal.

Es liegen hiernach zonar gebaute Anorthoklase vor, die vielfach einen Rand von Sanidin oder von Natronsanidin haben.

Die den Plagioklas in Parallelverwachsung umrahmenden Alkalifeldspäte sind ebenfalls teils triklin, teils monoklin.

In der Grundmasse überwiegen Feldspäte (0.3—0.4 mm groß) mit größeren 2V-Werten, deren Ebene wie bei den Einsprenglingen orientiert ist. In einem Schliff wurden gemessen: 69 73 78 79 80°, in einem andern: 49 52 53 54 63 63 73 74 77°. Sanidin bzw. Natronsanidin herrscht vor.

Die Zwillingsstreifung ist im ganzen schwach entwickelt und meist nur dem Albitgesetz zugehörig. Gitterlamellierung ist selten. Entmischungserscheinungen fehlen so gut wie ganz.

Der Nephelin ist nur selten idiomorph, meist xenomorph in den Zwickeln der Feldspatleisten; oft zeolithisiert. Hauyn ganz vereinzelt, ebenso basaltische Hornblende als typischer Fremdling mit opazitischem Rand; Titanit relativ häufig, bis 3 mm groß; Apatit bis 0.5 mm lange gedrungene stark bestäubte Säulen; Magnetit; Kalkspat als jüngster Gemengteil xenomorph zwischen Analcim; Natrolith u. a (?) Zeolithe.

Interessant ist die Rolle des Analcims, den ROSENBUSCH nur als „wahrscheinlich" vorhanden angibt, der aber recht häufig ist. $n_{Na} = 1.488 \pm 0.002$, spaltbar nach (100), isotrop, nur lokal schwache Doppelbrechung. Über sein Auftreten vgl. Abschnitt III.

## II. Der Buchonit.

Das stets richtungslose Gestein hat dunkel schwarzgraue Farbe und feines Korn. Von den Einsprenglingen tritt in bestimmten Abarten der Biotit in regellos gelagerten ausgezackten Blättchen hervor, die 1 cm Durchmesser und bis 0.3 mm Dicke erreichen und dem Gestein eine eigentümliche zerhackte Oberfläche verleihen. Hornblende in bis 0.6 cm großen schlanken Säulchen.

Das Gesamtgefüge zeigt besonders in den glimmerreichen Teilen eine gewisse Unruhe dadurch, daß hellere, meist auch etwas weniger feinkörnige Partien sich trumartig zwischen das dunkle Gestein einschieben; doch macht sich diese Erscheinung erst mikroskopisch bemerkbar.

**Plagioklas** tritt in oft zonar gebauten größeren, aber nicht eigentlich einsprenglingsartigen Individuen und in der Grundmasse auf. An den größeren Kristallen wurde gemessen:

Max. $\perp$ (010) 34°, koordin. Karlsbader 12° = $An_{63}$.
Max. $\perp$ (010) 24.5—38°, = $An_{45}$—$An_{65}$.

Ein Kristall, nach BERECK durchgemessen, ergab:

Albitgesetz und $An_{64}$, aus $2V_{\gamma} = 82°$ : $An_{62}$. Ein weiterer aus $2V_{\alpha} = 85°$ : $An_{74}$; ein Roc Tourné-Zwilling: $An_{42}$. Die Plagioklase der Grundmasse liegen um $An_{52}$, $2V_{\gamma} \sim 74°$. Periklinlamellen sind selten.

**Alkalifeldspäte** umrahmen z. T. die Plagioklase, z. T. treten sie in größeren, meist nach dem Karlsbader Gesetz verzwillingten nach (010) dünntafeligen Kristallen besonders in den helleren Gesteinspartien auf. Gemessen wurde:

$2V\alpha = 33\ 33\ 36\ 37\ 38\ 38\ 38\ 41\ 43\ 43\ 45\ 46\ 47\ 47\ 48\ 49\ 50\ 53\ 54\ 58\ 60\ 62\ 63\ 69^0.$

Es liegen vor: Sanidin und Natronsanidin mit $\alpha\beta \parallel (010)$ und Anorthoklase mit im Maximum $5^0$ Auslöschung in der Zone [010]. Sie sind oft zonar gebaut, bisweilen nach (010), seltener zugleich nach dem Periklingesetz verzwillingt.

**Nephelin** sitzt xenomorph zwischen den Feldspatleisten, oft recht frisch, gelegentlich auch zeolithisiert. Nosean selten; xenomorph gegen Feldspat, idiomorph gegen Analcim; isotrop, oft durch radialstrahlige zeolithische Aggregate unter Abscheidung von Kalkspatpulver ersetzt. Analcim fast immer frisch, xenomorph gegen die vorher genannten Gemengteile. Näheres im Abschnitt III. Biotit stark von Pyroxen und Plagioklas der Grundmasse durchsetzt; sehr stark pleochroitisch, häufig verzwillingt; $c\alpha$ auf $(010) = 4^0$; $\alpha \sim 1.608$, $\gamma = 1.654 + 0.002$, $\gamma - \alpha \sim 0.047$; $2E = 36—48^0$. Magnetit in homogenen Körnern ohne Entmischungserscheinungen; Kalkspat vereinzelt in xenomorphen Körnern zwischen Analcim und Feldspat.

**Pyroxen** teils in größeren Individuen (bis 1 mm) mit mangelhafter Begrenzung, teils in bis 0.2 mm langen idiomorphen Säulchen in der Grundmasse. Farblos bis schwach grau, selten grünlich. Z. T. zonar, auch wenig ausgeprägter Sanduhrbau. Bisweilen mit ziemlich starker Dispersion der Bisektrizen; Dispersion der optischen Achsen B $\varrho \gg v$, A o; $\gamma = 1.698 \pm 0.003$.

An den großen Pyroxenen wurde gemessen:

| | | | | | | | | | | | | | | | |
|---|---|---|---|---|---|---|---|---|---|---|---|---|---|---|---|
| $2V\gamma$: | 64 | 62 | 58 | 57 | 56 | 53 | 52 | 50 | 49 | 48 | 44 | — | — | 42⁰ | — |
| $c\gamma$: | — | 45 | 38 | 46 | — | 54 | 40 | 49 | 46 | 42 | 44 | 38/9 | 42 | 43 | 47⁰ |

Die Grundmassepyroxene ergaben:

| | | | | | |
|---|---|---|---|---|---|
| $2V\gamma$: | — | 54 | 62⁰ | — | — |
| $c\gamma$: | 43 | 42 | 44 | 41 | 47⁰ |

**Hornblende.** Prismatisch von (110) mit untergeordnetem (100) und (010) begrenzt; Zwillinge nach (100). Pleochroismus: $\alpha$ hellgelbbraun, $\beta$ und $\gamma$ dunkellederbraun: $\gamma \lesseqgtr \beta > \alpha$.

$$\alpha_{Na} = 1.663 \text{ (ber.)}$$
$$\beta_{Na} = 1.672 \text{ (gem.)}$$
$$\gamma_{Na} = 1.689 \pm 0.003 \text{ (gem.)}$$
$$\gamma - \alpha_{Na} = 0.027$$

| | | | | | | | |
|---|---|---|---|---|---|---|---|
| $2V\alpha$: | 68 | 68 | 72 | — | 76 | 76 | 74° |
| $c\gamma$ | — | 5 | 7 | 5 | 8.5 | 4 | 6° |

Dispersion für $A\ \varrho \gg v$, für $B\ \varrho \geq v$.

*Apatit* tritt in zahlreichen hellen sehr feinen und langen Säulchen kreuz und quer gelagert besonders in den hellen Gemengteilen auf.

Die *Kristallisatonsreihenfolge* muß im Zusammenhang mit den Erscheinungen am *Kontakt* Phonolith-Buchonit betrachtet werden. Hier nimmt der Phonolith deutlich an Korngröße zu. Dünntafelige Plagioklasleisten (Max. $\perp$ (010) $20^0 = An_{37}$) erreichen 2.5 mm Länge, Anorthoklaseinsprenglinge messen in (010) bis 0.5 $\times$ 0.5 cm. Die Ägirinaugite sind nicht größer als im normalen Gestein, nehmen aber an Menge zu und sind stets gut idiomorph. In schmalen Adern wird die Struktur ausgesprochen körnig. Häufig ist ein faseriger Zeolith: in der Längsrichtung $\alpha = 1.505$, $\gamma' = 1.516$.

Im normalen Buchonit beobachtet man zunächst um die großen Hornblenden ebenso wie um die Biotitblätter herum meist einen hellen Saum, in dem der Pyroxen fehlt und Magnetit stark zurücktritt, obwohl er in jenen als Einschluß vorkommt. Zugleich umwächst die Hornblende die großen Pyroxene oder dringt apophysenhaft in sie ein; es kommt sogar zu netzartiger Durchdringung beider. Dabei umschließen Hornblende und Biotit in großer Zahl die kleinen Plagioklase und Pyroxene der buchonitischen Grundmasse. Das Altersverhältnis Biotit-Hornblende selbst ist nicht erkennbar.

Eine weitere Eigentümlichkeit ist die, daß sich im Buchonit am direkten Kontakt mit dem Phonolith eine mehrere mm breite Zone entwickelt, in der Biotit und Hornblende ganz oder fast ganz verschwinden, während Magnetit und Grundmassepyroxen merklich zunehmen. Kleine Bruchstücke, die im Phonolith schwimmen, sind ganz frei von Biotit und Hornblende. Die Grenze ist gelegentlich scharf, wobei sich die Phonolithfeldspäte in paralleler Lagerung an sie anschmiegen. Meist aber ist die Grenze verschwommen und diese letzteren sind ganz erfüllt mit den kleinen Buchonitpyroxenen. Lokal tritt auch eine Pseudomorphose aus einem feinkörnigen Gemenge von Pyroxen + Erz + Feldspat nach Hornblende auf.

Eine weitere Inhomogenität wird durch die S. 5 bereits erwähnten helleren Trümer [1]) veranlaßt.

Alle diese Erscheinungen weisen darauf hin, daß während der

[1]) Ähnliches im „Hornblendebasalt" von Mittlechtern. Vgl. Klemm, N. Jahrb. f. Min. B. B. 34 A (Braunsfestschrift) 1931, S. 593.

Kristallisation des Phonolith-Buchonitkomplexes Vermischungen und Stoffwanderungen stattgefunden haben, wobei vorhandenes $H_2O$ eine Rolle gespielt haben muß. Biotit und Hornblende sind z. T. jünger als gewisse Grundmassegemengteile, die auch von dem noch flüssigen Phonolithmagma aufgenommen und von dessen auskristallisierendem Feldspat umschlossen wurden. Daraus ergibt sich, daß der Kristallisationsbereich beider Magmen an ihren Berührungsstellen sich zeitlich überschnitten hat: der Buchonit war während der Kristallisation des umhüllenden Phonoliths noch nicht völlig verfestigt.

Bücking [1]) betrachtet den Buchonit von Poppenhausen als ein Differentiationsprodukt des phonolithischen Magmas. Keinesfalls kann es sich hierbei aber um einen Differentiationsvorgang *in situ* handeln („lakkolithische Differentiation"), der Vorgang muß vielmehr schon *vor* der Intrusion in einem tieferen Niveau stattgefunden haben, und die so entstandenen Produkte wurden im bereits teilweise auskristallisierten Zustand an den Ort ihrer endgültigen Verfestigung gebracht, wo eine „Kleindifferentiation" [2]) die jetzt vorliegenden Verhältnisse ausarbeite.

## III. Die Rolle des Analcims.

Analcim tritt im Phonolith wie im Buchonit in zweierlei Form auf:

1. im Inneren der Feldspateinsprenglinge, teils auf Klüften, teils bestimmte Lagen der zonar gebauten Kristalle ersetzend.

2. In xenomorphen Zwickeln zwischen Feldspat- und Nephelinkristallen auch der Grundmasse.

Ein Vergleich mit Phonolithen anderer Herkunft zeigt, daß beide Arten von Vorkommen dieses Minerals sehr verbreitet sind und zwar sowohl in trachytoiden, wie in nephelinitoiden Typen. Ich fand sie in Gesteinen des Böhmischen Mittelgebirges (Lobositz, Aussig, Brüxer Schloßberg, Jungfernstein, Ziegenberg b. Nestumitz), vom Velay und aus Schottland.

Die Feldspateinsprenglinge erscheinen durch den Analcim oft wie zerfressen, so daß völlig zerhackt aussehende Reste übrig bleiben. Dagegen führen die Grundmassefeldspäte keinen Analcim. Der Zwickel füllende Analcim stößt wie jener stets mit völlig scharfer Grenze an das Nebenmineral, selbst da, wo der Nephelin zeolithisiert ist.

---

[1]) Bücking a. a. O. 1907, S. 690.

[2]) Nieland, N. Jahrb. f. Min. B. B. 63 A 1931, S. 128.

Es ergibt sich hieraus, daß der Analcim sich z. T. durch Verdrängung von Feldspat bestimmter Zusammensetzung, wahrscheinlich der Na-reicheren Zonen, z. T. aber als letztes Kristallisationsprodukt ohne Reaktion zum mindesten mit dem direkt anstoßenden Alumosilikat gebildet hat.

Analcim pseudomorph nach Leuzit, Nephelin, Sodalith, Feldspäten ist häufig beschrieben [1]).

Über seine Genese in Erstarrungsgesteinen besteht eine ausgedehnte Literatur, aus der sehr verschiedene Auffassungen hervorgehen: von der Kristallisation als magmatischem Einsprengling bis zur Bildung als Verwitterungsmineral. Die synthetische Darstellung und Umbildung ist relativ leicht, ihre Daten lassen sich aber nicht alle ohne weiteres auf die Verhältnisse in komplexen magmatischen Systemen anwenden. So erhebt sich immer wieder die Frage nach seiner „primären“ oder „sekundären“ Natur.

Als intratellurische Einsprenglinge deutet DALY [2]) die Analcime des *Shakanits*, eines Gesteines von essexitdioritischem Magmentypus (*Niggli* [3]), vom Autor als glasführender Analcimphonolith, von SCHEUMANN [4]) als analcimführender Rhombenporphyr bezeichnet. Die gleiche Auffassung vertritt I. P. MACKENZIE [5]) für seinen *Blaimorit*, ein phonolithisches Gestein aus Analcim-Sanidin- und Melaniteinsprenglingen in einer Grundmasse von Analcim, Ägirinaugit, frischem Nephelin und Sanidin.

Die Richtigkeit dieser Deutung für den Blaimorit wurde allerdings bestritten [6]), LACROIX stimmt ihr jedoch neuerdings zu [7]). DIXEY und CAMPBELL SMITH beschrieben einen Blaimorit von der Lupataschlucht am Sambesi, dessen bis $1^1/_2$ cm große Analcimeinsprenglinge sie ebenfalls als intratellurisch deuten [8]).

„Primäre“ Analcime werden von einer Reihe von Autoren

---

[1]) Vgl. DÖLTER, Handb. d. Min. Chem. II 2, S. 367.

[2]) DALY, Canada Geol. Surv. Mem. 38 I. 1912 S. 414.

[3]) NIGGLI, Gest. u. Min. Provinzen Berlin 1923, S. 161.

[4]) SCHEUMANN, Fortschritte der Min. 10 1925, S. 293.

[5]) J. P. MACKENZIE, Canada Geol. Surv. Mus. Bull. 4, Geol. Ser. 20 1914; Am. Journ. Sci. 39 1915, S. 571.

[6]) Am. Journ. Sci. 39 1915, S. 222.

[7]) LACROIX, Mat. Min. Madagascar II 1922, S. 619.

[8]) DIXEY u CAMPBELL SMITH, Geol. Mag. 66 1919, S. 256. F. A. BANNISTER hat ihre Natur als Analcim röntgenographisch bestätigt, ohne aber die Frage, ob primär oder sekundär nach Leucit, eindeutig entscheiden zu können. (Min. Mag. 22 1929, S. 469).

angegeben: Lindgreen, Pirsson, Washington, Cross, Evans, Lacroix, Pelikan, A. Scott, Löwinson-Lessing, Bowen, Guerassimow, Pacák, Hibsch, Königsberger, J. S. Flett, T. Ichimura u. a. [1]) Rosenbusch, Ussing [2]) u. a. halten ihn stets für „sekundär", vorwiegend aus Nephelin entstanden; auch Mügge [3]) glaubt nicht an seine Entstehung „aus dem eigentlichen Magma". Die Frage ist, was als „primär" und „sekundär" zu gelten hat.

Daß Analcim auf Kosten anderer Alumosilikate entstehen kann, ist sichergestellt. Klassisch ist Brögger's Beschreibung des Vorkommens in Südnorwegen [3]), wo zwischen Weglösung des Nephelins und Ausfüllung der entstandenen Räume durch Analcim ein deutlicher Hiatus besteht als Folge einer destruktiven pneumatolytischen oder hydrothermalen Einwirkung. Vorgänge solcher Art liegen auch in den Phonolithen beim Einsprenglingsfeldspat vor. Gleichwohl werden diese Vorgänge nicht als „sekundär" zu betrachten sein, sondern stellen einen Prozeß innerhalb des Gesamtablaufes der Kristallisation in dem sich abkühlenden Magma dar.

Der Umstand, daß die Analcimierung sich in den Rhöngesteinen auf die Feldspateinsprenglinge beschränkt, und weder die später ausgeschiedenen Hauyne, Nepheline und Grundmassefeldspäte ergreift, ist vielleicht auf höhere Temperatur in einem relativ frühen Stadium der Einwirkung alkalischer Restlösungen zurückzuführen.

---

[1]) Lindgreen, Proc. Cal. Ac. Sci. 3 1890, S. 51. Pirsson, Am. Journ. Sci. 4 1896, S. 679. Washington, Journ. Geol. 22 1914, S. 742; Boll. Soc. geol. Ital. 33 1914, S. 147; Am. Journ. Sci. 39 1915, S. 513. Cross, Journ. Geol. 5 1897, S. 684. Evans, Quart. Journ. G. S. 57 1901, S. 38. Lacroix, C. R. 168 1919, S. 637; 170 1920, S. 20; 178 1924, S. 529, u. u. a. O. Pelikan Tscherm. M. p. Mitt. 25 1906, S. 113. A. Scott, Trans. geol. Soc. Glasgow 16 1916, S. 34. Löwinson-Lessing, Bull. soc. Min. France 45 1922, S. 34: „protopneumatolytisch". Bowen, Journ. Wash. Ac. Sci. 13 1923, S. 3 u. a. O. Guerassimow, Trans. Geol. Serv. U S. S. R. 29 1931; Ref. N. J. 1932, Ref. II. S. 813. Pacák, Rozpr. Čes. Akad. 1926. Ref.: N. J. 1928, Ref. II, S. 73. Hibsch, Tscherm. M. p. Mitt. 34 1917, S. 262 u. S. 266. Königsberger in Dölters Handb. d. Min. Chem. II 1 1914, S. 36. Vgl. auch Eitel, Synthese der Feldspatvertreter, Leipzig 1925. J. S. Flett, Summ. Progr. Geol. Surv. 1929 , S. 59, 141. T. Ichimura, Geol. Mag. 69 1932, S. 67.

[2]) Ussing, Meddel. om Grönland 38, S. 140 u. a. Die großen Analcime im schieferigen Aegirinlujavrit von Julianehaab hält U. für Pseudomorphosen nach Leucit oder einem andern, unbekannten Mineral.

[3]) Rosenbusch-Mügge, Mikr. Physiogr. I 2, S. 80.

[4]) Brögger, Z. f. Krist. 16 1890, S. 223.

Analcim in direktem Kontakt mit völlig unverändertem Nephelin ist mehrfach beobachtet worden; besonders schön findet sich diese Paragenese in den ausgezeichnet frischen Nepheliniten vom Großen Graben in Ostafrika [1]). Die bis 6 mm großen völlig frischen Nephelinkristalle sind öfters zersprungen und die so entstandenen Klüfte mit Analcim ausgefüllt. Interessant ist, daß in diesem authigene Nädelchen von Ägirin auftreten, wie sie auch Brögger angibt, und wie sie Lemberg synthetisch gewonnen hat. Auch die von Heide [2]) im Phonolith von Unterrupsrot i. d. Rhön beschriebenen Erscheinungen gehören hierher.

Wichtig sind die Mitteilungen von Lacroix, der entsprechende Erscheinungen aus Nephelinsyeniten, Essexiten, Mikrosyeniten, Analcimtinguaiten und Monchiquiten als normale Kristallisationsfolge im sich abkühlenden Magma beschreibt. Auch im Bekinkinit scheint ähnliches vorzukommen.

Mehrfach wurden die großen Analcime solcher Gesteine als Pseudomorphosen nach Leucit betrachtet, was eine Zufuhr von Natron zur Voraussetzung hätte. Dagegen spricht in manchen Fällen, daß die Gesamtzusammensetzung analcimführender und analcimfreier Gesteine nicht wesentlich verschieden ist, erstere also ihre Zusammensetzung nicht durch Natronzufuhr geändert haben, im Gegensatz zu den nachträglich analcimierten ursprünglichen Leuzitgesteinen von Trapezunt [3]).

Hibsch hat in Blasenräumen des Phonoliths von Nestumitz neben frischem Nephelin, Natronorthoklas und Ägirin Analcim und Natrolith gefunden und vergleicht diese Paragenese direkt mit der von Nephelinsyenitpegmatiten. Adern von dichtem Analcim stellt er als Endprodukt der Phonolithverfestigung mit den Quarzadern in Graniten in Parallele. Das stimmt zu Daly's Auffassung, wonach „wie im Falle von Kalkspat, Cancrinit, Albit oder Quarz keine scharfe Grenzlinie zwischen der magmatischen und hydrothermalen Bildung von Analcim besteht" [4]).

Nach Bowen tritt im System $SiO_2$-MgO-CaO-$NaAlSiO_4$ eine alkalireiche Restlösung als letztes Reaktionsprodukt zwischen Pyroxen und Nephelin auf, die als ein Natronleuzitglas erstarrt.

---

[1]) Rosenbusch, Mikr. Physiogr. II 2, 4 Aufl. S. 1433.

[2]) Heide, Chemie der Erde 5 1930, S. 405.

[3]) Lacroix, Mat. Min. Madagascar II 1922, S. 619, 638.

[4]) Daly, Ign. Rocks a. the Deeps of the Earth. New York-London 1933, S. 530.

An dessen Stelle bildet sich in wasserreichen Restlösungen des magmatischen Vorkommens Analcim, der auch in selbständigen Gängen vorkommen kann. Monchiquite und Alnöite geben besonders gute Beispiele [1]).

Morozewicz hält allerdings den Analcim im Monchiquit von Taganrog für ein durch Wasseraufnahme bei der „Verwitterung" aus ursprünglichem Glas entstandenes Produkt [2]).

Zusammenfassend läßt sich folgendes sagen [3]): Analcim bildet sich als spätmagmatisches Kristallisationsprodukt aus alkalireichen Restlösungen von Magmen sehr verschiedener Zusammensetzung, und zwar wohl fast immer als kristallisiertes Mineral, seltener, wenn überhaupt durch Hydratisierung eines glasigen Erstarrungsrestes von ähnlichem chemischen Bestand.

Ältere Alumosilikate werden dabei gelegentlich angegriffen und verdrängt; Temperatur und Minimalkonzentration werden hier eine Rolle spielen.

Der Gesamtprozeß verläuft als letztes Stadium in dem sich abkühlenden System. Die Frage: »sekundär« oder »primär« ist daher ohne Bedeutung. Solche Verdrängungsvorgänge sind unter dem Gesichtspunkt *autometamorpher* Prozesse zu betrachten. Die Kristallisation des Analcims geht längere Zeit vor sich, andere Zeolithe und Kalkspat schließen sie ab.

Daß Analcim auch unter *epigenen* Verhältnissen entstehen kann, unterliegt keinem Zweifel; man kennt sein Vorkommen in den Toneisensteingeoden von Duingen und in sedimentären Gesteinen [4]).

## IV. Chemischer Bestand.

Die älteren Analysen sind schon Bücking als ungewöhnlich aufgefallen; in der Tat läßt sich weder die von Sandberger noch die von Möhl gegebene mit dem Mineralbestand in Einklang bringen. Osann hatte (1901), auf ihnen fußend, einen besonderen chemischen Typus „Poppenhausen" in seiner „Familie der Nephelinite und Nephelinbasalte" aufgestellt, denselben aber 1902 auf Grund der Bücking'schen Angaben über die Unselbständigkeit des Gesteins wieder gestrichen.

---

[1]) Bowen, Am. Journ. Sci. [5] 3 1922, S. 1; Journ. Wash. Ac. Sci. 13 1923, S. 3.

[2]) Morozewicz, Mem. Com. geol. N. S. Livr. 8. St. Petersburg 1903.

[3]) Das Folgende bezieht sich nicht auf die „Analcimeinsprenglinge".

[4]) C. S. Ross, Amer. Min. 13 1928, S. 195.

F. v. WOLFF definiert als „Familie der Buchonite" alle Nephelinbasalte, deren Pyroxen Ägirin oder Ägirinaugit ist. Diese modale Voraussetzung trifft aber weder für den Buchonit, noch für die mit ihm in jener Gruppe vereinigten Gesteine zu: der „Nephelindolerit" von Meiches führt typischen Titanaugit, der Nephelinmelilithbasalt vom Burgstall nach *Grubenmann* diopsidische bis basaltische Augite, der Eudialytnephelinbasalt von Tasmanien Titanaugit ($c: \gamma = 46.51^0$), die Nephelinbasalte vom Dreistelz und Bauersberg in der Rhön basaltischen Augit. Der „shonkinitische Trachydolerit" vom Katzenbuckel enthält zwar Ägirin, kann aber nach NIELAND nicht zu den Nephelinbasalten gerechnet werden; er ist ein Sanidinnephelinit (natronshonkinitisch) [1].

Da also weder der modale [2], noch, wie im Folgenden gezeigt wird, der stoffliche Bestand richtig angenommen ist, muß der v. WOLFF'sche Typus „Buchonit" gestrichen werden.

Die von BÜCKING gegebene Analyse (Nr. I der folgenden Tabelle [3]) stimmt mit dem Mineralbestand besser überein. Zur Kontrolle wurde eine weitere Analyse von einem sehr frischen Stück angefertigt, die ich Herrn Dr. H. NIELAND verdanke; die Zahlen unter II stellen das Mittel aus zwei sehr gut übereinstimmenden Bestimmungsreihen dar. III ist die alte SANDBERGER'sche Analyse, der die von MÖHL nahezu gleichkommt.; IV ist der Phonolith vom Calvarienberg bei Poppenhausen [4]).

| | I | II | III | IV |
|---|---|---|---|---|
| $SiO_2$ | 44.44 | 45.37 | 45.84 | 55.32 |
| $TiO_2$ | 1.52 | 2.44 | — | 0.75 |
| $Al_2O_3$ | 17.69 | 16.07 | 10.18 | 20.25 |
| $Fe_2O_3$ | 7.33 | 5.72 | 14.32 | 4.05 |
| FeO | 4.42 | 5.40 | 6.42 | — |
| MnO | — | 0.22 | — | — |
| MgO | 4.73 | 5.06 | 1.47 | 0.98 |
| CaO | 9.49 | 8.08 | 8.40 | 4.21 |
| $Na_2O$ | 4.43 | 5.07 | 8.77 | 6.32 |
| $K_2O$ | 2.12 | 2.74 | 3.96 | 4.10 |
| $H_2O +$ | — | 2.13 | 1.21 | — |
| $H_2O -$ | — | 0.42 | | — |

[1]) NIELAND, a. a. O. S. 102/3.

[2]) Auch normativ ist kein Ägirin vorhanden.

[3]) Analytiker nicht angegeben.

[4]) BÜCKING, Sitz. Ber. Preuß. Ak. d. Wissensch. 24 1910, S. 514. Anal. DÜRRFELD.

| | | | | |
|---|---|---|---|---|
| Glühverl. | 3.05 | — | — | 3.34 |
| $P_2O_5$ | 0.53 | 0.90 | 0.66 | — |
| Cl | — | vorh. | — | — |
| $CO_2$ | — | 0.19 | — | — |
| Sa | 99.75 | 99.81 | 101.23 | 99.32 |
| D | 2.84 | — | 2.85 | — |

| | si | ti | al | fm | c | alk | k | mg | qz |
|---|---|---|---|---|---|---|---|---|---|
| I | 104.3 | 2.7 | 24.5 | 38.3 | 23.9 | 13.3 | 0.24 | 0.43 | —48.9 |
| II | 109.8 | 4.4 | 22.9 | 40.0 | 21.0 | 16.1 | 0.26 | 0.45 | —54.6 |
| IV | 184.8 | 2.0 | 39.9 | 15.7 | 15.1 | 29.3 | 0.30 | 0.31 | —32.4 |

Der Buchonit gehört demgemäß zu den theralithischen bis theralithgabbroiden Magmen im Sinne von Niggli, der Phonolith zu den laurvikitisch-monzonitischen Typen. Beide passen in das von Jung [1]) gegebene Hauptdifferentiationsdiagramm der Rhöngesteine.

Eine Berechnung des modalen Bestandes aus der Analyse ist bei der komplizierten Zusammensetzung des Gesteins und seiner Gemengteile nicht möglich; das normale, aus helleren und dunkleren Teilen zusammengesetzte Gestein ergab nach Messungen am Leitz'schen Integrationstisch folgenden Mineralbestand in Vol. %:

| | |
|---|---|
| Feldspäte | 29.4 |
| Foide (Ne + Analcim) | 14.3 |
| Pyroxen | 25.2 |
| Hornblende | 19.5 |
| Biotit | 3.2 |
| Magnetit | 6.4 |
| Apatit [2]) | 2.0 |

Danach ist insgesamt das Verhältnis Feldspat: Foide = 67.3:32.7; in den dunkleren Teilen ist es: 68.4:31.6, in den helleren: 65.8:34.2.

[1]) Jung, Chemie der Erde III 1927, S. 207.

[2]) Aus der Analyse berechnet.

FSC
www.fsc.org
MIX
Papier | Fördert gute Waldnutzung
FSC® C083411

Kolibri 360 GmbH
Ferdinand-Jühlke-Straße 7
99095 Erfurt, Deutschland
produktsicherheit@kolibri360.de